Kiran Devi
Subhankar Petal
Nitin Lamba

Avaliação do desempenho de edifícios de G+8 andares

Kiran Devi
Subhankar Petal
Nitin Lamba

Avaliação do desempenho de edifícios de G+8 andares

ScienciaScripts

Imprint
Any brand names and product names mentioned in this book are subject to trademark, brand or patent protection and are trademarks or registered trademarks of their respective holders. The use of brand names, product names, common names, trade names, product descriptions etc. even without a particular marking in this work is in no way to be construed to mean that such names may be regarded as unrestricted in respect of trademark and brand protection legislation and could thus be used by anyone.

Cover image: www.ingimage.com

This book is a translation from the original published under ISBN 978-620-8-41535-8.

Publisher:
Sciencia Scripts
is a trademark of
Dodo Books Indian Ocean Ltd. and OmniScriptum S.R.L publishing group

120 High Road, East Finchley, London, N2 9ED, United Kingdom
Str. Armeneasca 28/1, office 1, Chisinau MD-2012, Republic of Moldova, Europe
Managing Directors: Ieva Konstantinova, Victoria Ursu
info@omniscriptum.com

Printed at: see last page
ISBN: 978-620-8-52622-1

ÍNDICE

RESUMO

Devido à escassez de terrenos e ao aumento da população, as estruturas de vários andares são construídas para acomodar muitas pessoas em áreas limitadas. As pessoas mudaram-se das zonas rurais para as zonas urbanas em resultado da revolução industrial e do aumento da população, o que obrigou ao desenvolvimento de estruturas de vários andares para fins residenciais e comerciais. Os edifícios altos que não são suficientemente construídos para resistir às cargas laterais provocam o colapso total da estrutura. Uma variedade de factores, incluindo a frequência intrínseca do edifício, o fator de amortecimento, o tipo de base, a importância e a ductilidade, são tidos em conta na conceção de estruturas que possam suportar as pressões sísmicas. As estruturas construídas para a ductilidade devem ser projectadas para cargas laterais mais baixas devido às suas qualidades superiores de distribuição de momentos. O desenvolvimento de estruturas resistentes a sismos requer uma compreensão da análise sísmica de modo a garantir a segurança contra as pressões sísmicas de edifícios de vários andares. Para a investigação sísmica, foram consideradas tanto uma estrutura padrão como uma estrutura resistente a momentos única. O presente estudo examinou a % de aço longitudinal, os pormenores de reforço e o corte de base de projeto de uma estrutura de betão armado (RC) de G+8 andares em três zonas sísmicas distintas. As zonas sísmicas III, IV e V foram avaliadas para a estrutura utilizando as normas IS 1893 (Parte 1): 2016. De acordo com os resultados, o corte de base aumentou à medida que a zona sísmica mudou de III para V.

Palavras-chave: Edifício de vários andares, zonas sísmicas, análise sísmica, ETABS

CAPÍTULO -1 INTRODUÇÃO

1.1 FILOSOFIA DE CONCEPÇÃO SÍSMICA

Um movimento súbito dos vários estratos da Terra provoca a libertação de uma grande quantidade de energia no interior do planeta, o que dá origem aos sismos. Sem qualquer aviso prévio, um terramoto ocorre de forma rápida, feroz e repentina. Pode danificar estruturas mal construídas ou projectadas, pondo em perigo ou mesmo matando os seus ocupantes. A expressão "processo de montagem metálica" refere-se a uma técnica de construção em que as peças de betão fresco ou de aço são ligadas ao elemento de betão através de uma ligação hidráulica por compressão em que os dois componentes funcionam como um bloco coerente. A maioria das estruturas utilizadas para construção na Índia são edifícios baixos. Devido à facilidade de construção e à economia obtida, os elementos de aço e de betão são frequentemente utilizados para estas construções. No entanto, a escassez de terrenos disponíveis e a taxa alarmante de crescimento da população tornaram necessária a expansão vertical dos edifícios em muitas cidades. Consequentemente, está atualmente a ser construído um número significativo de estruturas de média e alta altura para atingir este objetivo. Foi determinado que a utilização de elementos compósitos em vez de vigas de betão armado é mais eficiente e económica para estas estruturas de grande altura (Aggarwal e Shrikhande, 2006).

Nos últimos anos, a Índia tem enfrentado muitos terramotos de maior magnitude devido aos danos e colapsos desta estrutura. Para evitar que a estrutura se desloque e para reduzir as irregularidades no edifício, utilizar a norma IS 1893- 2016 (Parte-1), que nos ajuda a conceber um edifício resistente a sismos que torna a estrutura durável e resiste a grandes deslocações. Para tornar a estrutura resistente a sismos, é necessário compreender alguns factores importantes, tais como a conceção arquitetónica e as dimensões e formas dos materiais dos elementos estruturais, e o mais importante é a irregularidade do edifício. Se a irregularidade for maior na estrutura, esta entrará em colapso. De acordo com a norma IS 1893 -2002 (Parte-1), o rácio de irregularidade de torção deve ser inferior a 1,2, mas para criar uma estrutura mais resistente, será introduzido o novo código IS 1893 -2016 (Parte-1) para conceber uma estrutura mais eficiente. De acordo com a norma IS 1893 - 2016 (Parte-1), o rácio de irregularidade à torção deve ser inferior a 1,5. É por isso que o novo código foi utilizado para projetar o edifício, o que ajuda a conhecer a irregularidade de torção no modelo STAAD. O STAAD calcula automaticamente a deriva do piso e a irregularidade de torção no edifício de acordo com a carga lateral que será exercida sobre a estrutura.

A componente mais importante da engenharia civil é o projeto de estruturas. O aspeto mais importante da engenharia estrutural é o dimensionamento dos elementos e partes fundamentais de um edifício, tais como lajes, vigas, pilares e fundações.

1.2 INTRODUÇÃO SOBRE O SOFTWARE E O MÉTODO DE ANÁLISE

1.2.1 ETABS:

O software de engenharia ETABS foi concebido para facilitar a análise e o projeto de edifícios de vários andares. A geometria em grelha, exclusiva desta classe de estruturas, é coordenada com ferramentas e modelos de modelação, prescrições de carga baseadas em códigos, métodos de análise e técnicas de solução. O ETABS pode ser utilizado para avaliar sistemas básicos ou sofisticados em condições estáticas ou dinâmicas. As análises modais e de integração direta do histórico temporal podem ser combinadas com os efeitos P-Delta e de grandes deslocamentos para realizar uma avaliação abrangente do desempenho sísmico. A não linearidade do material pode ser captada por PMM concentrado ou articulações de fibras e ligações não lineares no contexto de um comportamento monotónico ou histerético. A implementação prática de aplicações de qualquer complexidade é facilitada pelas funcionalidades intuitivas e integradas. O ETABS é uma ferramenta coordenada e produtiva para projectos que variam desde simples pórticos 2D até elaborados arranha-céus modernos, devido à sua interoperabilidade com uma série de plataformas de projeto e documentação em uso.

1.2.2 ANÁLISE DO ESPECTRO DE RESPOSTA

A análise do espetro de resposta é uma técnica utilizada para estimar a resposta estrutural a fenómenos dinâmicos transitórios, não determinísticos e breves. Os sismos e os tremores de terra são exemplos desses fenómenos. Uma análise dependente do tempo é difícil de realizar devido à falta de conhecimento sobre o historial temporal exato da carga. A breve duração do evento desqualifica-o para ser classificado como um processo ergódico ("estacionário"); consequentemente, uma abordagem de resposta aleatória também não é aplicável.

O método do espetro de resposta baseia-se numa forma única de sobreposição de modos. O conceito consiste em apresentar uma entrada que estabelece um limite na medida em que um modo próprio com uma frequência natural e amortecimento específicos pode ser excitado por um evento desta natureza.

1.3 OBJECTIVOS DO ESTUDO

O objetivo principal era utilizar o modelo analítico ETABS para comparar a percentagem de aço longitudinal, a pormenorização das armaduras e o corte de base de projeto de um edifício de betão armado (RC) de G+8 andares em três zonas sísmicas distintas da Índia. Este edifício foi inicialmente examinado de acordo com as disposições da IS 1893 (Parte 1): 2016. Foram realizados o dimensionamento e o cálculo do peso de aço e do volume de betão necessários. Os resultados de três zonas sísmicas foram apresentados em pormenor, tanto para cada elemento estrutural da construção individualmente como para toda a construção. Foi efectuada uma comparação entre os resultados.

CAPÍTULO -2 REVISÃO DA LITERATURA

2.1 GERAL

Muitos artigos de investigação, códigos de projeto e livros sobre o assunto foram lidos cuidadosamente para saber como os parâmetros sísmicos afectam o projeto e os pormenores dos edifícios RC. Isto foi feito para que as pessoas pudessem ver por si próprias como funcionam os diferentes métodos de projeto sísmico e de análise pushover. Isto ajudou-nos a escolher os parâmetros de modelação e os procedimentos corretos para a análise sísmica e as comparações.

2.2 MODELAÇÃO E CONCEPÇÃO ESTRUTURAL

Desde há muito tempo que se investiga a forma de conceber edifícios para que possam resistir aos sismos e ao seu impacto nas diferentes estruturas e componentes estruturais. Muitas pessoas estudaram terramotos passados e foram feitos mais estudos para desenvolver soluções técnicas que minimizassem a perda de vidas e bens durante um terramoto.

Khetwal et al., 2024 estudaram a análise de edifícios de vários pisos com pisos macios e compararam-nos com os edifícios sem pisos macios utilizando o software STAAD Pro. Os resultados mostraram que a deriva aumentou e o corte na base foi reduzido no caso dos edifícios com pisos macios em comparação com a estrutura convencional.

Thapa et al. 2020 utilizaram o ETABS 2016 para examinar os materiais, a deriva dos andares e as análises de corte na base de estruturas com estrutura de aço e de betão armado. Os resultados indicaram que, em comparação com as construções em aço, as estruturas de betão armado necessitavam de mais recursos em bruto. Em comparação com as estruturas de betão armado, as estruturas de aço apresentaram a rigidez de piso mais elevada e os valores mais baixos de cisalhamento de base e deslocamento de piso.

Utilizando o software STAAD Pro, **Kumar e Needhidasan 2018** investigaram o corte na base, a deriva dos andares e o movimento do edifício em edifícios de vários andares (G+8) nas zonas sísmicas II e IV. Os resultados indicaram que, à medida que a zona sísmica se deslocava da zona sísmica II para a zona sísmica IV, o corte na base, a força lateral, o corte nos andares e o momento de sobretensão aumentavam em ambas as direcções. Em comparação com a abordagem do espetro de resposta, o método da força lateral estática correspondente foi mais dispendioso devido aos seus valores mais elevados de momento e força.

Pallavi e Nagaraja, 2017, utilizaram o software ETAB 9.7 para comparar a análise sísmica de uma estrutura de vários andares (G+9) com contraventamento e paredes de cisalhamento. A comparação foi efectuada em termos de cisalhamento de base, deriva de andares e deslocamento de andares. A parede de cisalhamento do edifício era mais forte do que o seu contraventamento e a estrutura modelo nua. Quando as paredes de cisalhamento foram colocadas nos cantos, o cisalhamento de base para a Zona V e para a Zona IV aumentou 41,2% e 52,4%, respetivamente, em comparação com o pórtico simples.

Utilizando o software ETABS, **Vikram et al. 2017** examinaram a carga sísmica de um edifício residencial de vários andares (G+5 andares) nas zonas sísmicas II, III, IV e V. A zona V exibiu a maior força axial, enquanto a zona II teve uma estabilidade superior.

Utilizando o SAP2000, **Cholekar e Basavalingappa, 2015,** avaliaram o cisalhamento de base, a deriva de piso e o deslocamento de edifícios de CCR e compósitos de vários andares. De acordo com os resultados, as estruturas compósitas apresentaram valores de deslocamento da junta inferiores aos das estruturas de CCR.

2.3 RESUMO

Foi feita uma revisão exaustiva dos trabalhos de investigação relacionados e das diretrizes de projeto sísmico existentes, de modo a que se pudesse fazer um bom plano para projetar, comparar e depois fazer uma análise pushover nos três edifícios com diferentes alturas de piso que são propostos neste trabalho.

CAPÍTULO -3 MODELAÇÃO DE ESTRUTURAS

3.1 ÂMBITO DOS TRABALHOS

O presente estudo engloba o desenvolvimento de um modelo ETABS para três zonas sísmicas perigosas distintas (zonas III, IV e V) na Índia. Foram definidos o cálculo e a especificação de várias cargas no modelo. As vigas e os pilares foram representados como componentes de pórticos. A interação entre o solo e a estrutura não é considerada. A fundação é concebida como um apoio fixo ao nível da sapata e o projeto de construção e a estimativa de materiais não incluem a fundação. As paredes de enchimento foram excluídas da consideração.

3.2 DESCRIÇÃO DO EDIFÍCIO

A planta do edifício tem dimensões de 28 x 20 m, o que resulta numa área total de E = 560,00 m^2. A altura dos pisos era de 3,60 metros, com exceção do primeiro piso (rés do chão), que tinha 4,20 metros de altura. Consequentemente, a altura total do edifício é de 35 metros. O impacto do solo não foi tido em conta e foram implementados apoios rígidos. A vista em planta e a vista em 3D do edifício são apresentadas nas fig. 1 e 2.

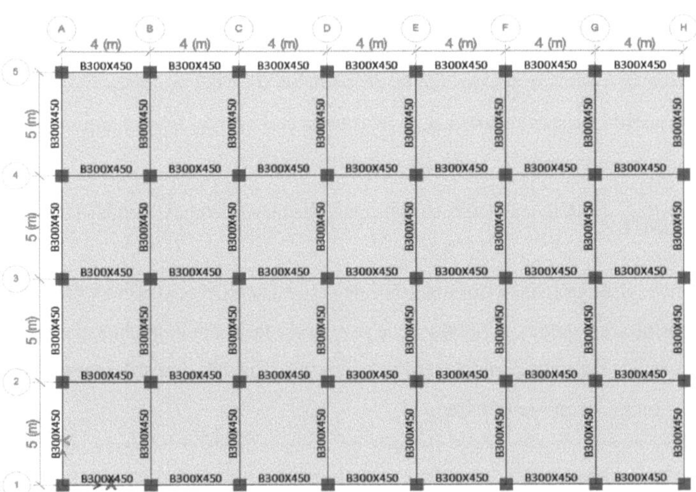

Figura1 : Vista em planta

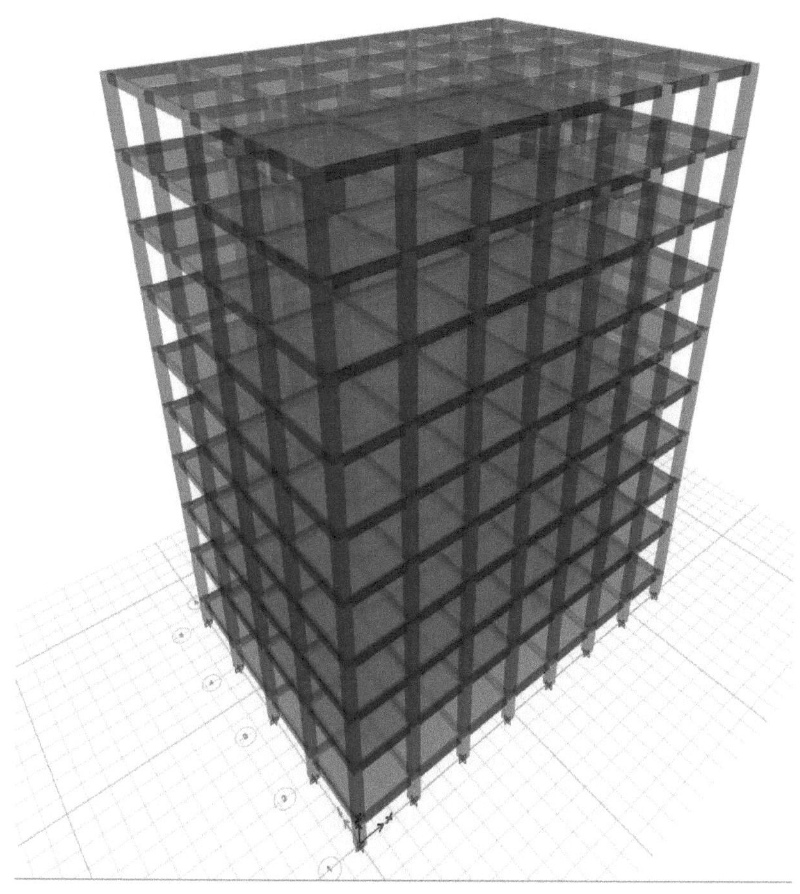

Figura2 : Vista 3d Render

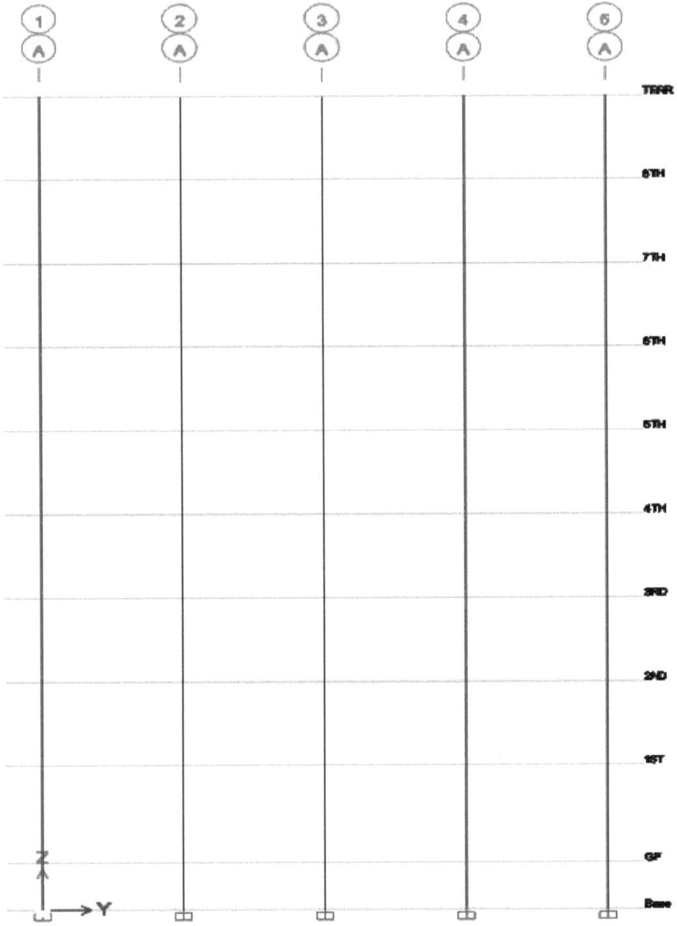

Figura3 : Elevação - Grelha A

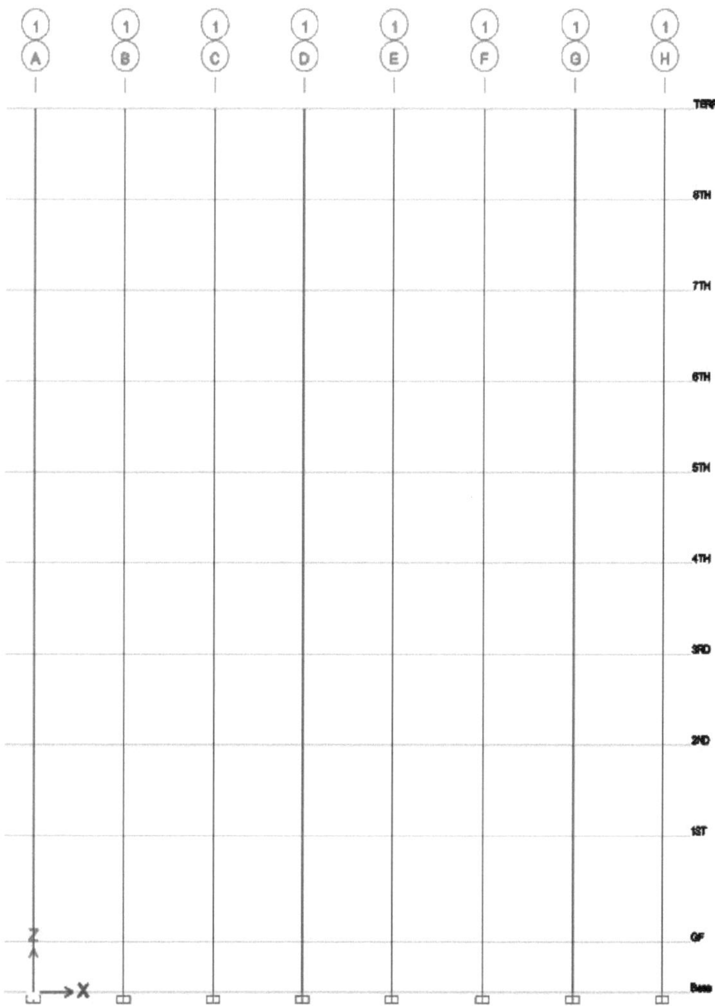

Figura4 : Elevação - Grelha 1

A elevação da grelha é mostrada nas figuras 3 e 4. Os pormenores do edifício considerado para a análise são apresentados a seguir.

Forma do edifício : Retangular

Comprimento : 28m

Largura : 20m

Espaçamento da grelha : 4x5m

Número de pisos : 9 (G+8+T)

Tipo de parede : Tijolo vermelho

Condição de suporte : Suporte fixo na base

Profundidade da base: : 2m abaixo do nível do rodapé

Altura do andar : 4,2 m (do G ao 1º) e 3,6 m típicos (do 1º ao Terraço)

Altura total do edifício : 35m

3.5 FILOSOFIA DE CONCEPÇÃO DA ESTRUTURA

3.3.1 Sistema estrutural e abordagem de projeto

- Os edifícios são concebidos como estruturas de betão de cimento armado (CCR) desde a fundação até à cobertura, suportadas por colunas e paredes de cisalhamento em conformidade com a norma IS:1893 (Parte 1)-2016.
- O sistema estrutural deve ser concebido para suportar a força global de projeto de acordo com a sua rigidez lateral, tendo em conta a interação em cada nível de piso.
- O sistema de suporte de carga vertical da estrutura de pórtico é constituído por pilares de betão armado. As forças sísmicas são transmitidas através da ação da armação do sistema estrutural.
- De acordo com a IS: 1893 (Parte 1)-2016 7.7.1, a análise dinâmica linear é obrigatória para edifícios com mais de 15 metros de altura, enquanto a análise estática é necessária para estruturas mais pequenas.
- O betão das classes designadas (como indicado no artigo 6.2) é utilizado para elementos estruturais como vigas, colunas, muros de contenção e sistemas de fundação.

- Estão a ser implementadas medidas adequadas para garantir a durabilidade e cumprir um requisito de classificação de incêndio de 2 horas. A tinta intumescente é recomendada para superfícies de aço expostas sem revestimento resistente ao fogo. Os revestimentos e as combinações de cores serão determinados de acordo com a intenção arquitetónica, juntamente com as especificações de resistência ao fogo e à ferrugem.
- O dimensionamento das barras de aço e de betão obedece à técnica do estado limite. A dimensão inicial das barras foi determinada de acordo com os parâmetros de utilização, tais como a deflexão, a deriva e os limites de fissuração.

3.4 NORMAS DE CONCEPÇÃO

Os códigos e normas específicos aplicáveis serão identificados e adoptados nas filosofias de conceção, conforme adequado aos elementos estruturais. As últimas edições dos códigos e normas serão utilizadas nos projectos. Todos os trabalhos de conceção devem basear-se nas normas e códigos indianos com a última revisão, com eventuais alterações, à data.

No entanto, se certas disposições não estiverem disponíveis nas normas indianas, serão adoptados códigos e normas internacionais.

3.4.1 Cargas

IS:875(Parte 1)-1987	Código de práticas para cargas de projeto (exceto sismos) para edifícios e estruturas (cargas mortas).
IS:875(Parte 2)-1987	Código de práticas para cargas de projeto (exceto sismos) para edifícios e estruturas (cargas impostas).
IS:875(Parte 3)-2015	Código de práticas para cargas de projeto (exceto sismos) para Edifícios e estruturas (cargas de vento).
IS:875(Parte 5)-1987	Código de práticas para cargas de projeto (exceto sismos) para edifícios e estruturas (cargas especiais e combinações).

IS:1893 (Parte-1)-2016	Critérios para a conceção de estruturas resistentes a sismos (Disposições gerais e edifícios).

3.4.2 Fundações

IS:1080-1985	Código de práticas para o projeto e construção de fundações superficiais em solos (exceto jangadas, anéis e cascas).
IS:1904-1986	Código de práticas para o projeto e construção de fundações em solos - requisitos gerais.
IS:2950(Parte 1)-1981	Código de práticas para o projeto e construção de fundações em jangada.
IS:2974(Parte 5)-1982	Código de práticas para o projeto e construção de fundações de máquinas.
IS:8009(Parte 2)-1980	Código de práticas para o cálculo do assentamento de fundações.

3.4.3 R CC

IS:456-2000	Código de práticas para betão simples e armado.
IS:3370(Parte 1&2)-2009	Código de práticas para estruturas de betão para armazenamento de líquidos
IS:3370(Parte 4)-1967	Código de práticas para estruturas de betão para armazenamento de líquidos - Tabelas de projeto
IS:4326-2013 (3ª Revisão)	Código de práticas para a conceção resistente a sismos e construção de edifícios (que incorpora a alteração nº 1).
IS:5525-1969	Recomendação para a pormenorização de obras em betão armado.
IS:1786-2008	Especificação para barras e fios de aço deformados de alta

resistência para reforço de betão.

IS:10262-2009	Orientações recomendadas para a conceção de misturas de betão.
IS 13920-2016	Projeto dúctil e pormenorização de estruturas de betão armado sujeitas a forças sísmicas.

3.4.4 Estruturas de aço

IS:800 -2007	Código de práticas para a construção geral em aço.
IS:806-1968	Código de práticas para a utilização de tubos de aço na construção de edifícios em geral.
IS:808-1989	Dimensões de vigas, pilares, canais e cantoneiras de aço laminado a quente.
IS:813	Esquema de símbolos para soldadura.
IS:816-1969	Código de práticas para a utilização da soldadura por arco metálico para construção geral em aço macio.
IS:1161-1998	Tubos de aço para estruturas.
IS:2062-2011	Aço estrutural de média e alta resistência laminado a quente (Especificação).
IS:4000-1992	Parafusos de alta resistência em estruturas de aço - Código de Prática.
IS:4923-2017	Secções ocas de aço para uso estrutural - Especificações.

3.4.5 Manual

SP:16-1980	Ajudas de projeto para betão armado segundo a IS:456-1978.
SP:20-1991	Manual de projeto e construção em alvenaria.

SP:22-1982 Manual explicativo dos códigos para a engenharia sísmica (IS:1982-1975 e IS:4326-1976).

SP:24-1983 Manual explicativo do código de práticas da norma indiana para betão simples e armado.

SP:25-1984 Manual sobre causas e prevenção de fissuras em edifícios.

SP:34-1987(7ª Reimpressão 2006) Handbook of Concrete Reinforcement and Detailing.

3.4.6 Outros materiais de referência

- Reinforcement concrete designer's handbook, de Reynolds e Steedman (Décima edição, 1988, reimpressão em 2004)
- Livros de referência sobre o projeto de betão armado, por exemplo, Reinforced concrete design by Menon & Pillai Second Edition 2003
- Handbook of concrete design, de Mark Fintel, 2.ª edição.
- Código Nacional de Construção da Índia de 2016.

3.5 MATERIAL GRAU, COBERTURA E TAMANHOS DE SECÇÃO

3.5.1 Tamanhos preliminares

Colunas : 300-450 mm de largura e 450-750 mm de profundidade

Paredes de cisalhamento 200-300mm de espessura

Plinto Vigas periféricas : 300mm de largura e 450/600/750mm de profundidade

Feixe principal/secundário : 300/450 mm de largura e 450/600 mm de profundidade

Laje : 150 a fornecer.

Muros de contenção : Não utilizado

Dimensões mínimas dos elementos de betão armado para resistência ao fogo de acordo com a cláusula 21 da IS 456-2000.

Quadro :1 Dimensões mínimas

Fire Resistance h	Minimum Beam Width b	Rib Width of Slabs b_w	Minimum Thickness of Floors D	Column Dimension (b or D) Fully Exposed	50% Exposed	One Face Exposed	Minimum Wall Thickness $p<0.4\%$	$0.4\% \le p \le 1\%$	$p>1\%$
	mm	mm	mm	mm	mm	mm	mm	mm	mm
0.5	200	125	75	150	125	100	150	100	100
1	200	125	95	200	160	120	150	120	100
1.5	200	125	110	250	200	140	175	140	100
2	200	125	125	300	200	160	-	160	100
3	240	150	150	400	300	200	-	200	150
4	280	175	170	450	350	240	-	240	180

NOTES

1 These minimum dimensions relate specifically to the covers given in Table 16A.

2 p is the percentage of steel reinforcement.

3.5.1 Grau de betão utilizado

Para o edifício principal do hospital, o grau mínimo de betão proposto é M30, no entanto, para outros edifícios, M25 deve ser considerado como grau mínimo de betão.

Artigo : Grau de betão

PCC : M10

Bases : M25

Coluna : M25

Vigas : M25

Laje : M25

Muros de contenção : Não utilizado

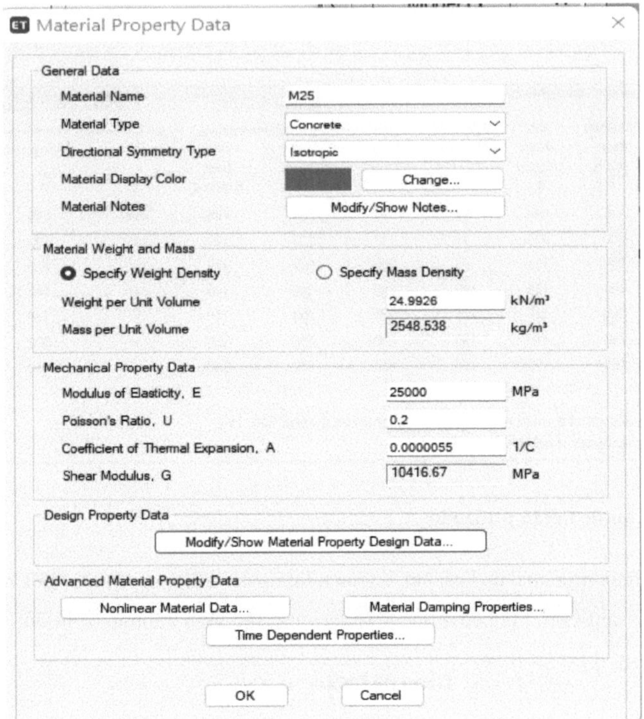

Figura5 : Propriedades materiais do betão

3.5.2 Aço de reforço

A armadura utilizada na construção será Fe500D, um aço resistente à corrosão com um limite mínimo de elasticidade de 500 N/mm². Todas as armaduras devem estar em conformidade com a norma IS:1786-2008. A resistência do aço Fe415 deve ser utilizada para os tirantes laterais em colunas e vigas, de acordo com as disposições da IS:13920-2016.

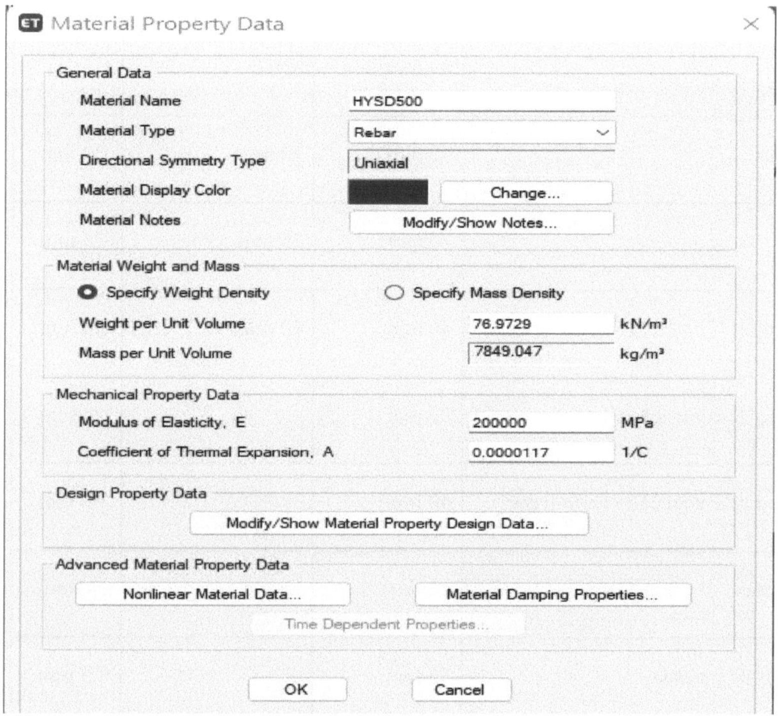

Figura6 : Propriedades dos materiais do aço

3.6 CAPA

O cobrimento nominal utilizado para os diferentes componentes estruturais, tais como viga, pilar, laje, etc., é apresentado no quadro 2.

Tabela2 : Cobertura nominal fornecida

Elemento estrutural	Cobertura nominal de todas as armaduras (de acordo com a IS 456:2000)		Cobertura nominal fornecida
	Para condições de	Para resistência ao fogo em	

	exposição moderada	construções do tipo 2	
Vigas	30 mm	30 mm	30 mm
Laje	20 mm	25 mm	25 mm
Colunas	40 mm	40 mm	40 mm
Muro de contenção - In-Side	25 mm		25 mm
Muro de contenção - Lado terra	40 mm		40 mm
Sapatas	50mm		50mm
Lajes de jangada	55 mm		55 mm
Lado interior do reservatório de água	40 mm		40 mm
Tanque de água - com o lado exterior em terra	40 mm		40 mm
Depósito de água - sem terra Lado exterior	25 mm		25 mm

Tabela3 : Cobertura nominal para cumprir o período especificado de resistência ao fogo

Table 16A
Nominal Cover to Meet Specified Period of Fire Resistance
(*Clauses* 21.4 *and* 26.4.3 and *Fig.* 1)

Fire Resistance	Nominal Cover						
	Beams		Slabs		Ribs		Columns
	Simply supported	Continuous	Simply supported	Continuous	Simply supported	Continuous	
h	mm	mm	mm	mm	mm	mm	mm
0.5	20	20	20	20	20	20	40
1	20	20	20	20	20	20	40
1.5	20	20	25	20	35	20	40
2	40	30	35	25	45	35	40
3	60	40	45	35	55	45	40
4	70	50	55	45	65	55	40

NOTES
1 The nominal covers given relate specifically to the minimum member dimensions given in Fig. 1.
2 Cases that lie below the bold line require attention to the additional measures necessary to reduce the risks of spalling (*see* 21.3.1).

Tabela4 : Cobertura nominal para satisfazer o requisito de durabilidade

Table 16 Nominal Cover to Meet Durability Requirements
(*Clause* 26.4.2)

Exposure	Nominal Concrete Cover in mm not Less Than
Mild	20
Moderate	30
Severe	45
Very severe	50
Extreme	75

NOTES
1 For main reinforcement up to 12 mm diameter bar for mild exposure the nominal cover may be reduced by 5 mm.
2 Unless specified otherwise, actual concrete cover should not deviate from the required nominal cover by $^{+10}_{0}$ mm
3 For exposure condition 'severe' and 'very severe', reduction of 5 mm may be made, where concrete grade is M35 and above.

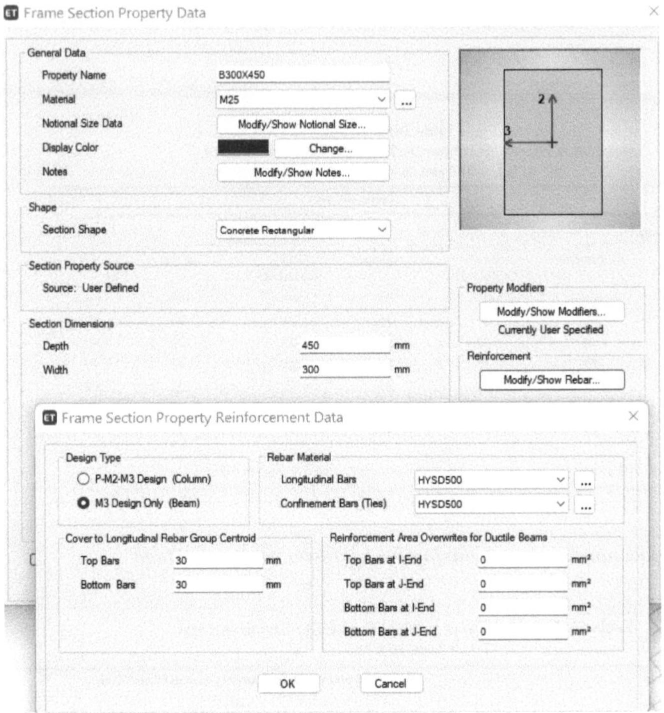

Figura7 : Propriedades da secção de entrada

3.7 CARGA & COMBINAÇÃO DE CARGAS

O edifício é analisado para os seguintes casos de carga básicos:

a) Carga morta

b) Carga viva

c) Carga sísmica

d) Carga de vento - N.A

e) Carga térmica - N.A

A carga básica considerada no projeto é a seguinte.

3.7.1 Carga morta

Peso unitário dos materiais

As cargas mortas são calculadas utilizando as seguintes densidades de material:

Quadro5 : Peso unitário do material

Materiais	Peso unitário kN/m3
• Aço	• 78.50
• Betão armado	• 25.00
• Densidade do betão simples	• 24.00
• Reboco de cimento	• 20.00
• Tratamento do telhado com tijolo Bat Coba	• 20.00
• Acabamento do pavimento	• 24.00
• Tijolos convencionais Alvenaria	• 20.00
• Enchimento de terra saturada	• 19.50
• Enchimento de peso leve para afundamento	• 10.00
• Vidros estruturais	• 25.00
• Água	• 10.00
• Trabalho com blocos de peso leve	• 10.00
• Cinzas volantes Bloco de cimento	• 21.00

Cálculo da carga

As diferentes cargas a suportar pela estrutura são as seguintes:

O peso próprio das vigas, dos pilares e da laje.

Acabamento do pavimento = 50 mm de espessura

Paredes principais = parede de tijolo vermelho com 230 mm de espessura

Paredes divisórias = Parede de tijolo vermelho com 230 mm de espessura.

Terraços = 125 mm de espessura.

Cálculos de amostra pormenorizados da carga morta para introdução no software:

Carga devida à laje e ao acabamento do pavimento

Assumindo uma laje com 150 mm de espessura

Peso próprio da laje = 0.15x25 = 3.75 kN/m²

Acabamento do pavimento 50mm = 0.05x24 = 1.2 kN/m²

Reboco de teto, POP, etc = 0.5 kN/m2

Total = 5.45 kN/m²

= 5.50 kN/m²

Carga devida à laje do terraço e ao terraço

Assumindo uma laje com 150 mm de espessura

Peso próprio da laje = 0.15x25 = 3.75 kN/m²

Socalcos 125mm = 0.125x20 = 2.5 kN/m²

Reboco de teto, POP, etc = 0.5 kN/m2

Total = 6.75 kN/m²

Carga devida a uma parede de blocos de cimento com cinzas volantes

Altura típica do chão ao chão de 3,0 m e assumindo uma profundidade de viga de 450 mm,

Carga de uma parede de blocos de cimento com cinza volante com 230 mm de espessura

= 0,25x21x (3,0-0,45)

=13,39kN/m =13,5kN/m

Parede de blocos de cimento de cinza volante com 115 mm de espessura

=0.115x21x(3.0-0.45)

=6.159kN/m =6,25kN/m

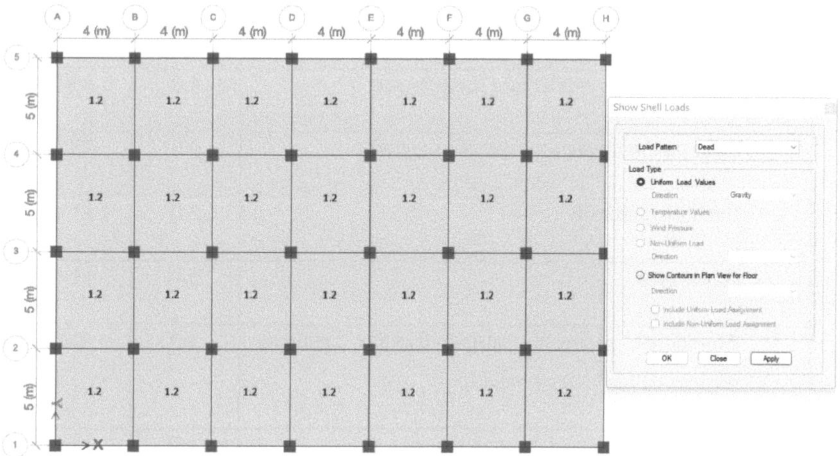

Figura8 : Carga morta aplicada

Carga morta= Peso próprio +50mm de acabamento do pavimento+ 230mm de espessura da parede de tijolo

3.7.2 Carga viva (carga imposta)

As cargas vivas devem ser calculadas de acordo com a norma IS: 875 (Parte 2) -1987, dependendo da classificação da ocupação. As ocupações múltiplas no interior do edifício devem ser classificadas de acordo com a classificação de ocupação equivalente relevante, conforme especificado no Quadro 1 da IS 875 (Parte-2)-1987. Algumas das cargas impostas mencionadas são reproduzidas nesta secção. Para simplificar a análise, foi considerado um valor médio de 2,5 kN/m^2.

Tabela6 : Carga viva de acordo com IS: 875 (Parte -2)

Utilidade	Intensidade	Unidade
Quartos e dormitórios	2.0	kN/m^2
Cozinhas e lavandarias	3.0	kN/m^2
Salas de jantar, cafetarias e restaurantes	4.0	kN/m^2
Salas de leitura (sem arrumação separada)	4.0	kN/m^2
Banho e sanitários	2.0	kN/m^2
Bibliotecas	6.0	kN/m^2
Corredores, passagens, átrios, escadas, incluindo escadas de incêndio, varandas.	4.0	kN/m^2
Sala de exames, sala de conferências	4.0	kN/m^2
Salas comuns, salas de convívio para estudantes, salão polivalente, áreas de reunião (sem assentos fixos)	5.0	kN/m^2
Terraço sem carga de equipamento (Acessível)	1.5	kN/m^2
Sala de máquinas do elevador (carga de impacto)	10.0	kN/m^2
Salas AHU	10.0	kN/m^2

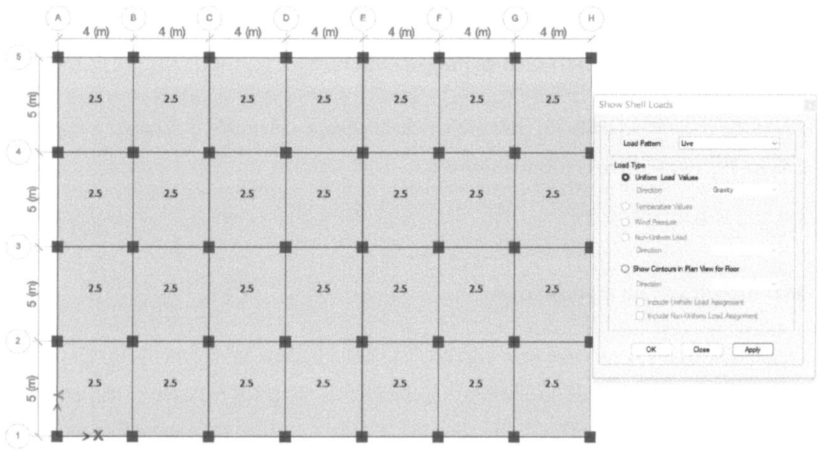

Figura9 : Carga viva aplicada

Carga viva= carga uniforme de 2,5KN/m^2

3.7.3 Carga sísmica

Os seguintes factores devem ser considerados na conceção dos edifícios propostos, de acordo com a norma IS:1893(Part1)-2016: -

Zona Sísmica : III, IV E V

Fator de zona : 0,16, 0,24 e 0,36,

(De acordo com a Fig.1 e o Quadro 3-IS:1893-2016)

Fator de importância : 1 (De acordo com o Quadro 8-IS:1893-2016)

Fator de redução da resposta : 5 (Para edifícios RC com SMRF; de acordo com Tabela 9-IS:1893-2016)

Rácio de amortecimento : 5%

Tipo de solo : 2 (Médio)

Espectro de aceleração horizontal de projeto (Ah) = $\frac{ZIS_a}{2Rg}$

O período natural do edifício, para efeitos de análise, é calculado utilizando a expressão dada na IS: 1893-2016, conforme abaixo:

T=0.075$h^{0,75}$

Onde h = Altura (em m) do edifício.

Excluem-se os pisos em cave se as paredes estiverem ligadas ao pavimento do rés do chão ou situadas entre os pilares do edifício, mas incluem-se os pisos em cave se não estiverem ligados.

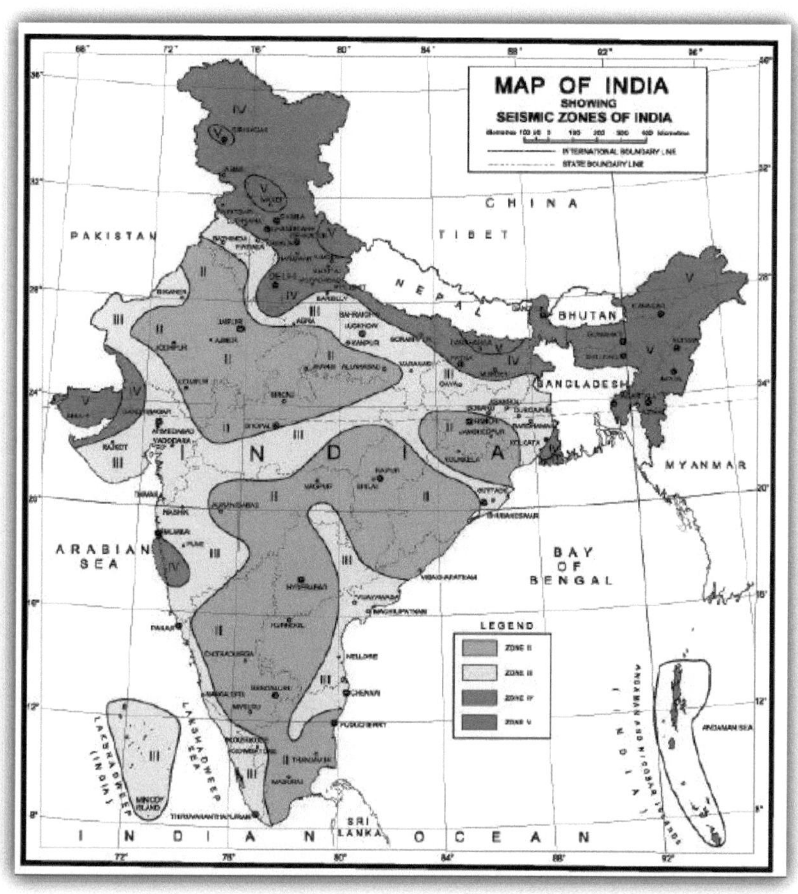

Figura10 : Zonas sísmicas da Índia - IS 1893 (Parte 1):2016

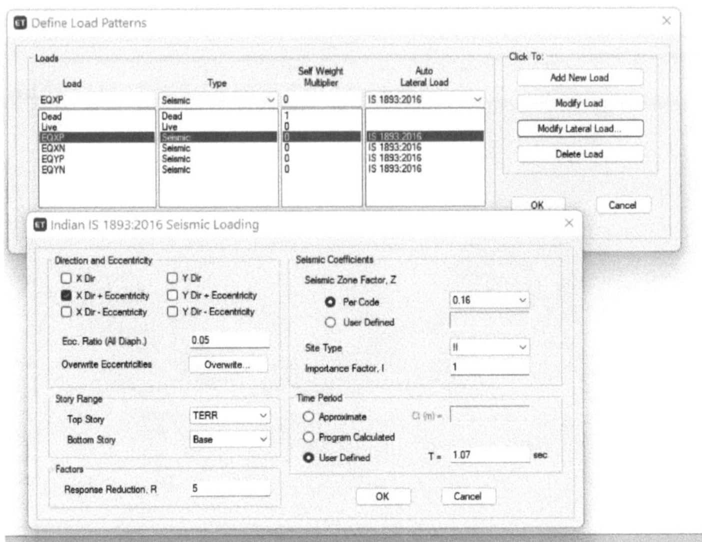

Figura11 : Entrada de carga sísmica - Para a Zona III

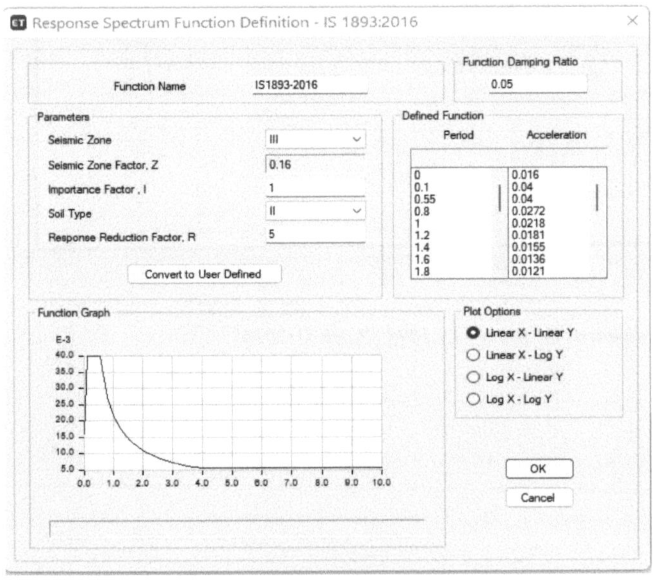

Figura12 : Função do espetro de resposta - para a zona III

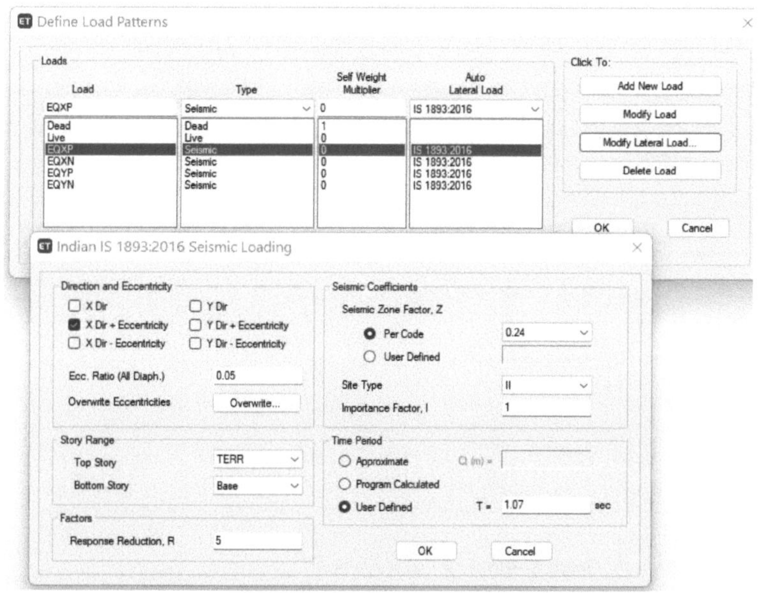

Figura13 : Entrada de carga sísmica - Para a Zona IV

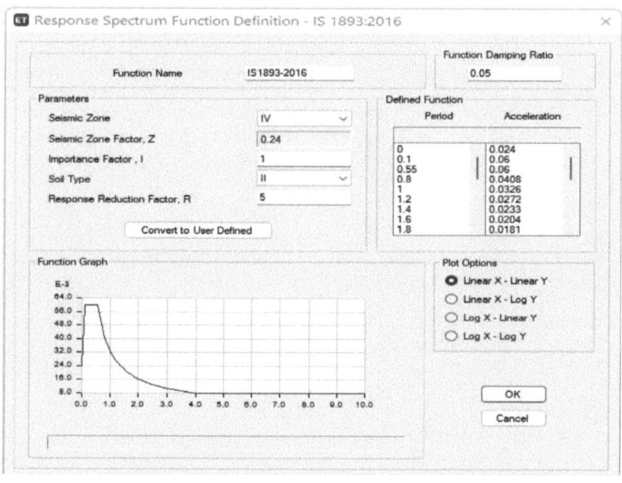

Figura14 : Função do espetro de resposta - para a zona IV

Figura15 : Entrada de carga sísmica - Para a Zona IV

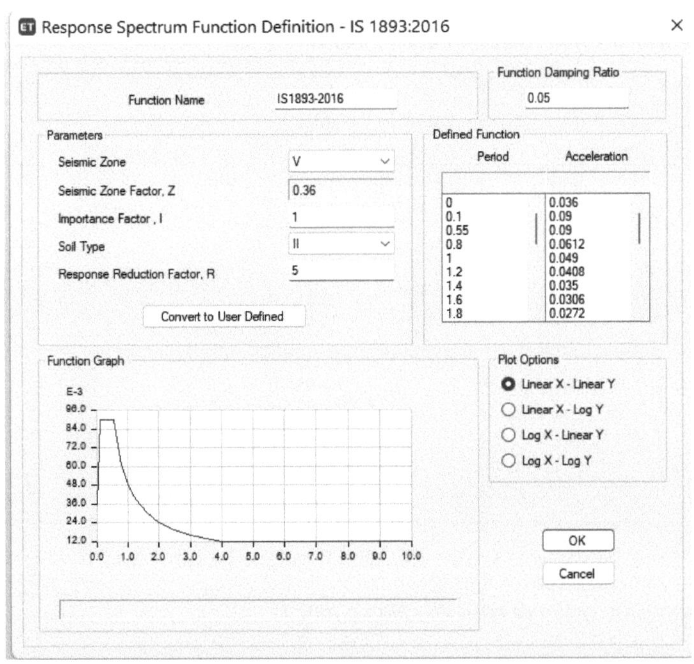

Figura16 : Função do espetro de resposta - para a zona IV

3.7.4 Combinações de carga

Tabela7 : Combinações de carga

COMBO	Estado limite de colapso						Estado limite de utilização					
	DL	LL	ELX	ELY	WL	TL	DL	LL	ELX	ELY	WL	TL
DL+LL	1.5	1.5					1	1				
DL+WL	0.9				±1.5		1				±1	
DL+WL	1.5				±1.5							
DL+LL+WL	1.2	1.2			±1.2		1	0.8			±0.8	
DL+EL	1.5		1.5	0.45			1		1	0.3		
DL+EL	0.9		1.5	0.45								
DL+EL	1.5		0.45	1.5					0.3	1		
DL+EL	0.		0,4	1.5								

	9		5									
DL+LL+EL	1.2	1.2	1.2	0.36			1	0.8	0.8	0.24		
DL+LL+EL	1.2	1.2	0.36	1.2			1	0.8	0.24	0.8		
DL+TL	1.5					±1.5	1					±1
DL+LL+TL	1.2	1.2				±1.2	1	1				±0.8
DL+WL+TL	1.5				1.5	1.5	1				1	1
DL+EL+TL	1.5		1.5			1.5			1	0.3		1
DL+EL+TL	1.5			1.5		1.5	1		0.3	1		1
DL+LL+EL+TL	1.2	1.2	1.2			1.2	1	0.8	0.8	0.24		0.8
DL+LL+EL+TL	1.2	1.2		1.2		1.2	1	0.8	0.24	0.8		0.8

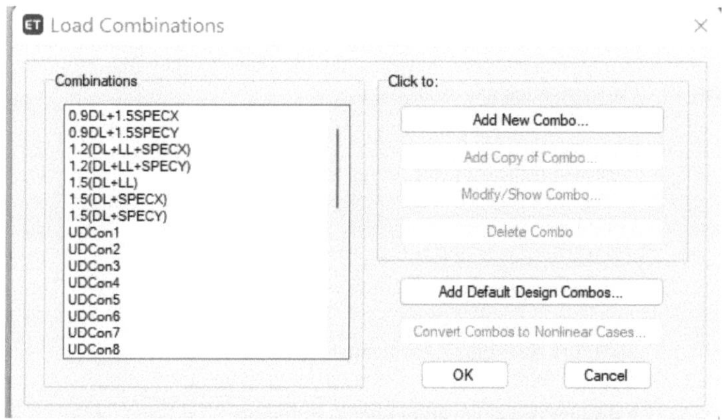

Figura17 : Combinação de cargas aplicada no modelo Etabs

3.8 CONTROLO DAS DEFORMAÇÕES

As deflexões devidas às cargas de serviço não devem exceder os seguintes valores:

Deflexões verticais:

A deflexão final devida a todas as cargas, incluindo os efeitos da temperatura, da fluência e da retração, e medida a partir do nível de betonagem dos apoios, dos pavimentos, das coberturas e de todos os outros elementos horizontais, não deve exceder o vão/250.

A deformação, incluindo os efeitos da temperatura, da fluência e da retração que ocorrem após a montagem das divisórias e a aplicação dos acabamentos, não deve exceder o vão/350 ou 20 mm, consoante o que for menor.

Deflexões horizontais:

Deslocação devido a EL: A deslocação entre pisos não deve exceder H/250, de acordo com a cláusula n.º. 7.11.1 da IS 1893 (parte 1) 2016.

3.9 LEGENDA

DL	:	Carga morta
LL	:	Carga imposta

WL	:	Carga de vento
EL	:	Carga sísmica nas direcções X e Z
TL	:	Carga de temperatura
Fig.	:	Figura
H	:	Altura total do edifício.
SMRF	:	Estrutura resistente a momentos especiais
OMRF	:	Estrutura resistente ao momento ordinário
d	:	Dimensão da base do edifício ao nível do plinto, em m, ao longo da direção considerada da força lateral.
G	:	Rés do chão
T	:	Piso do terraço

CAPÍTULO -4 ANÁLISE E COMPARAÇÃO DOS RESULTADOS

5.1 COMPARAÇÃO DO CISALHAMENTO DE BASE DE PROJETO

O cisalhamento de base é uma estimativa da força lateral máxima esperada que ocorrerá na base de um edifício devido ao movimento sísmico do solo. O cisalhamento de base pode ser calculado por:

- Condições do solo

- Locais onde ocorrem sismos (como falhas geológicas)

- Possibilidade de um grande terramoto abalar o solo

- O nível de ductilidade e de sobre-resistência associado às diferentes configurações estruturais e o peso total da estrutura

- o período natural de vibração da estrutura.

A tabela mostra como o cisalhamento de base de projeto varia em diferentes zonas sísmicas. Isto é efectuado utilizando o método estático equivalente (IS 1893: 2016). À medida que passamos da zona III para a zona V, o cisalhamento de base aumenta, o que mostra que os sismos nestas áreas estão a ficar mais fortes.

Tabela8 : Valor da quota de base de projeto para os edifícios em diferentes zonas sísmicas

Zona	**Cisalhamento de base de projeto (em KN)**
Zona III	1073.8
Zona IV	1610.7
Zona V	2416.1

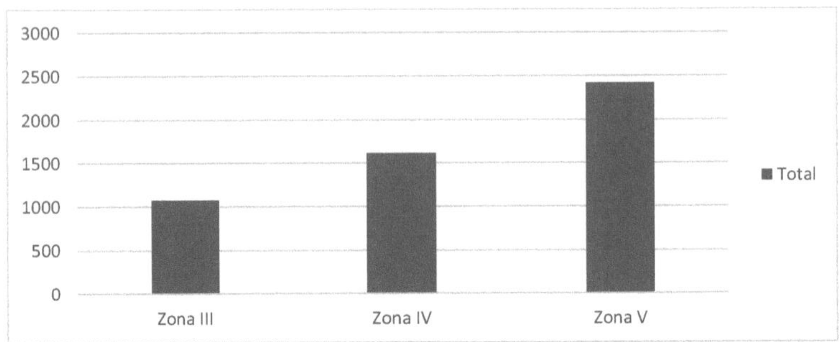

Figura18 : Valor da quota de base de projeto para os edifícios em diferentes zonas sísmicas

5.2 COMPARAÇÃO DO AÇO LONGITUDINAL NO PILAR

Foi calculada a quantidade de aço em todos os pisos. A tabela seguinte mostra como a percentagem de varões longitudinais no pilar muda em diferentes zonas sísmicas. À medida que se passa da zona III para a zona V, a quantidade de aço em diferentes níveis de pilares muda de 0,0% para 3,5% e a quantidade total de aço em todos os pilares muda de 1,1% para 3,1%. A tabela abaixo mostra claramente que a necessidade de reforço de aço aumenta à medida que o risco sísmico aumenta.

Tabela9 : Percentagem média de aço longitudinal em diferentes níveis do pilar em diferentes zonas sísmicas

Piso	Média de % de aço na coluna		
	Zona- III	Zona- IV	Zona V
GF	0.80	0.80	0.85
1.O	2.68	2.91	3.47

2.O	0.92	1.14	1.46
3.º LUGAR	0.82	0.86	1.11
4º.	0.80	0.81	0.85
5º.	0.80	0.80	0.80
6ª	0.80	0.80	0.80
7ª	0.80	0.80	0.80
8ª	0.80	0.80	0.80
TERR	0.80	0.80	0.80

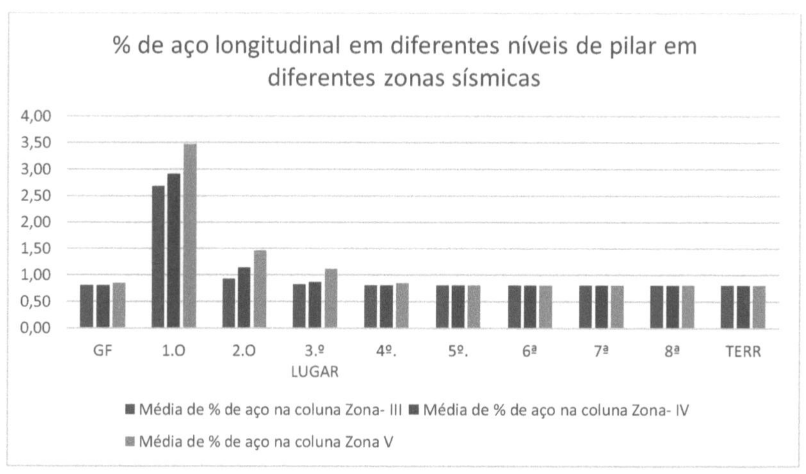

Figura19 : Percentagem média de aço longitudinal em diferentes níveis do pilar em

diferentes zonas sísmicas

Tabela10 : Alteração da percentagem média de aço longitudinal em diferentes níveis do pilar em diferentes zonas sísmicas

Piso	Variação da percentagem de aço		
	Para as zonas III a IV	Para as zonas III a V	Para a zona IV a V
GF	0.00 %	5.87 %	5.87 %
1.O	8.52 %	29.44 %	19.28 %
2.O	23.33 %	58.65 %	28.64 %
3.º LUGAR	4.99 %	35.26 %	28.83 %
4º.	0.75 %	6.06 %	5.27 %
5º.	0.00 %	0.00 %	0.00 %
6ª	0.00 %	0.00 %	0.00 %
7ª	0.00 %	0.00 %	0.00 %
8ª	0.00 %	0.00 %	0.00 %
TERR	0.00 %	0.00 %	0.00 %

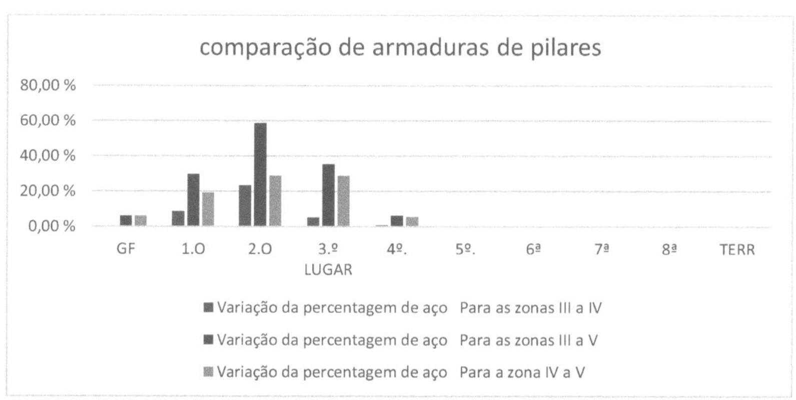

Figura20 : Variação da percentagem média de aço longitudinal em diferentes níveis do pilar em diferentes zonas sísmicas

5.3 COMAPARAÇÃO DE AÇO LONGITUDINAL EM VIGA

Uma viga é um elemento estrutural que pode suportar cargas principalmente por flexão. Devido a cargas externas na viga, ao seu próprio peso e a reacções externas, desenvolve-se um momento fletor na viga que faz com que esta se curve em torno do seu eixo neutro. As vigas em CCR são definidas pelo seu perfil (a forma da sua secção transversal), pelo seu comprimento e pela quantidade de aço que possuem. A percentagem de aço longitudinal é calculada nos apoios e no meio do vão, como mostra a tabela abaixo. A quantidade de aço nas secções de apoio das vigas pode variar entre 0,23% e 0,46% para diferentes zonas sísmicas. Enquanto a quantidade de reforço inferior a meio do vão aumentou cerca de 13-35% nas vigas. É evidente que a necessidade de reforço em aço aumenta à medida que o risco sísmico aumenta.

Tabela11 : Aço longitudinal médio necessário na viga em cima e em baixo em diferentes zonas sísmicas

Reforço (m)m^2	Zona III	Zona IV	Zona V
No topo	315.664	456.903	620.993
Na parte inferior	315.000	357.687	485.881

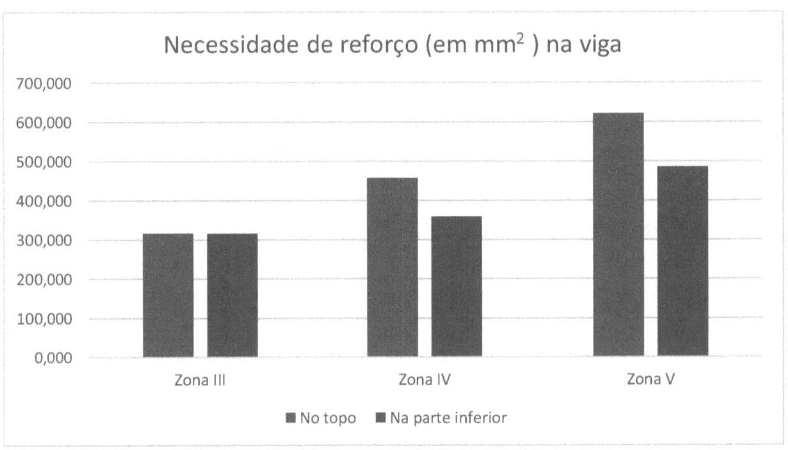

Figura21 : Aço longitudinal médio necessário na viga em cima e em baixo em diferentes zonas sísmicas

Tabela12 : Percentagem média de reforço na viga em cima e em baixo em diferentes zonas sísmicas

Percentagem de reforço	Zona III	Zona IV	Zona V
No topo	0.23 %	0.34 %	0.46 %
Na parte inferior	0.23 %	0.26 %	0.36 %

Tabela13 : Percentagem de aumento do aço longitudinal na viga em cima e em baixo em diferentes zonas sísmicas

Aumento da percentagem de aço			
Reforço	Para as zonas III a IV	Para a zona III a v	Para as zonas IV a V
No topo	44.74 %	96.73 %	35.91 %
Na parte inferior	13.55 %	54.25 %	35.84 %

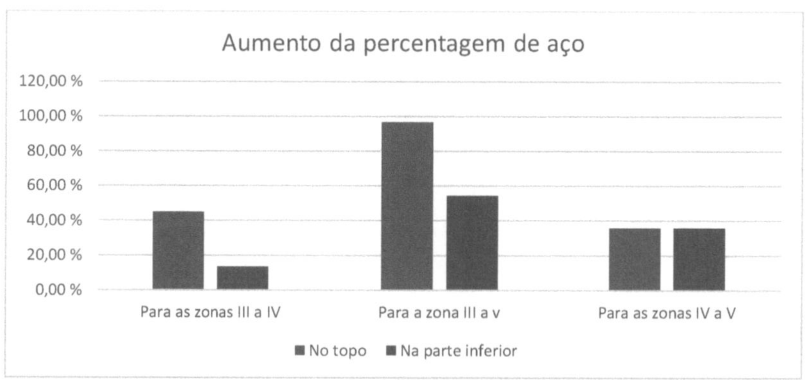

Figura22 : Percentagem de aumento do aço longitudinal na viga em cima e em baixo em diferentes zonas sísmicas

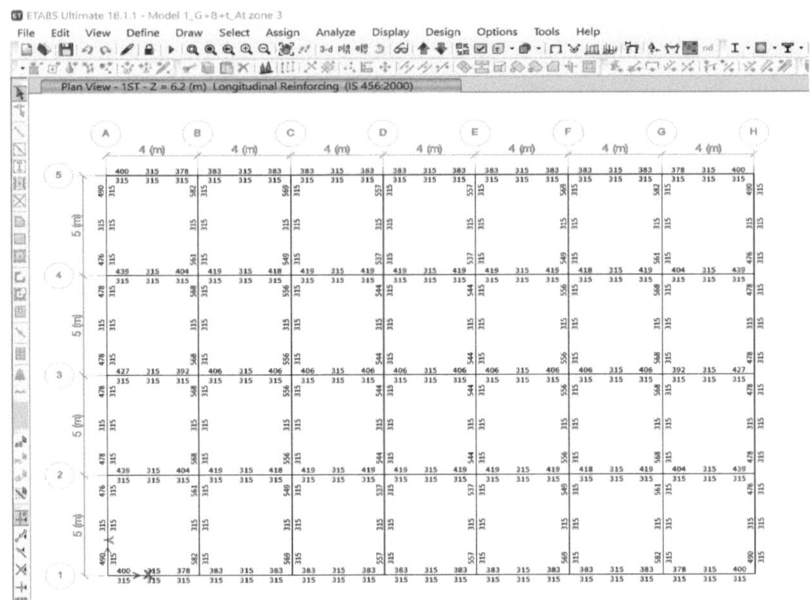

Figura23 : Reforço em batida ao nível do primeiro andar para a Zona III

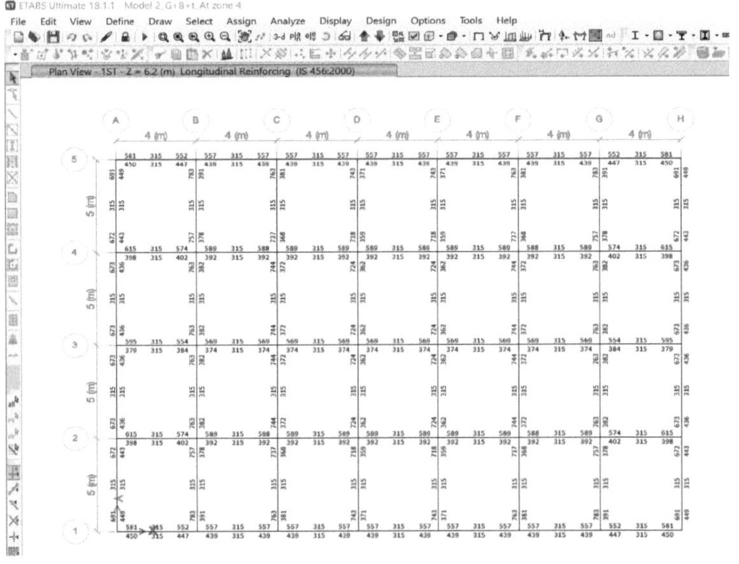

Figura24 : Reforço em batida ao nível do primeiro andar para a Zona IV

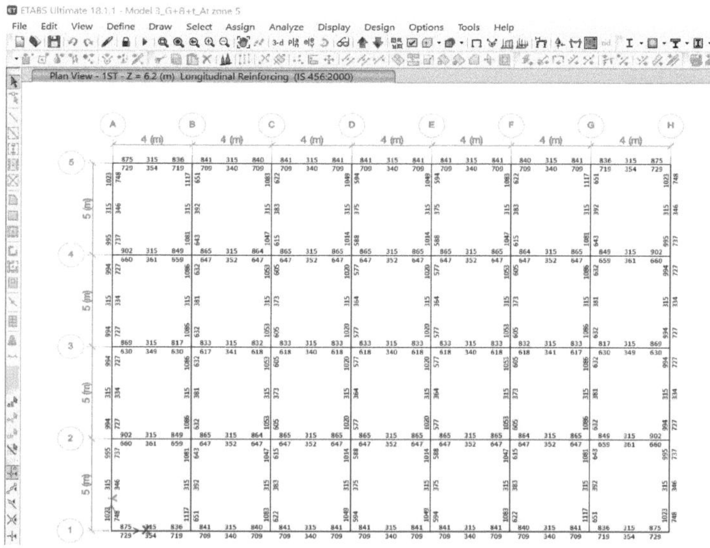

Figura25 : Reforço em batida ao nível do primeiro andar para a Zona V

5.4 COMPARAÇÃO DA PORMENORIZAÇÃO DO AÇO NA COLUNA E NA VIGA

Escolhemos uma viga e um pilar do edifício G+8 para podermos ter uma ideia melhor de como as necessidades de armadura de aço e de pormenorização de cada membro são diferentes. Os edifícios da zona II são construídos tendo em conta as OMRF e são pormenorizados de acordo com a IS:456: 2000. Todos os edifícios das zonas III, IV e V, por outro lado, são construídos tendo em conta as SMRF e são pormenorizados de acordo com a IS:13920:2016.

5.5 RESUMO

Todos os edifícios de que falámos foram concebidos e construídos de uma forma que fazia sentido para as suas zonas. Os resultados foram cuidadosamente considerados. O cisalhamento de base aumenta muito à medida que passamos da zona III para a zona V, o que mostra que os sismos nestas áreas estão a ficar mais fortes. Com o aumento do corte de base, podemos ver que, em média, a quantidade de aço necessária para pilares e vigas quase duplicou da zona III para a zona V.

CAPÍTULO -5 CONCLUSÃO E MELHORIAS FUTURAS

5.1 CONCULSÃO

Seguem-se as principais conclusões que podem ser retiradas dos trabalhos efectuados em três edifícios RC semelhantes (G+8) em três grandes zonas sísmicas da Índia (ou seja, zonas III, IV e V):

1) Há um aumento significativo no cisalhamento da base à medida que passamos da zona II para a zona V, o que mostra que os sismos nestas áreas estão a ficar mais fortes.
2) A quantidade de aço longitudinal superior nas secções de apoio varia de cerca de 0,23% a 0,46% nas vigas.
3) A quantidade de aço longitudinal inferior nas secções de apoio varia de cerca de 0,23% a 0,36% nas vigas.
4) A quantidade de armadura inferior no meio do vão aumentou em cerca de 13-35% nas vigas.
5) A quantidade de armadura inferior no meio do vão aumentou em cerca de 44-96% nas vigas.
6) À medida que passamos da zona III para a zona V, as necessidades globais de aço do edifício aumentam constantemente para cerca de 35%.
7) No caso do pilar, a armadura aumenta nos três níveis inferiores do edifício e depois fica plana.

5.2 ÂMBITO DO TRABALHO FUTURO

- No presente estudo, a conceção sísmica de edifícios é efectuada utilizando a análise do espetro de resposta. Podem ser efectuados estudos semelhantes com outros métodos, tais como a análise estática e a análise do histórico temporal.
- Neste trabalho, apenas foram utilizados os códigos de projeto sísmico indianos. O trabalho poderia ser alargado se fossem adicionados os códigos de projeto britânicos, americanos e outros.

- A interação entre o solo e a estrutura também pode ser tida em conta.
- No presente estudo, são analisados os edifícios RC. As estruturas de aço também podem ser analisadas da mesma forma.

REFERÊNCIAS

- Aggarwal, P., Shrikhande, M., 2006. Earthquake Resistant Design of Structure. 1ª edição, Prentice Hall India Learning Private Limited.
- Cholekar, Swapnil, B., Basavalingappa, S.M. 2015. Análise comparativa de RCC multiestoriado e edifício composto devido à irregularidade da massa. Revista Internacional de Investigação em Engenharia e Tecnologia (IRJET). 2 (4), 603-608.
- Devi, K., Yadav, T., 2023. Cost Comparison of different types of formworks (Comparação de custos de diferentes tipos de cofragens). Journal of Building Materials Science, 5(01), 32-38.
- Norma Indiana de Betão Simples e Reforçado - Código de Práticas (4ª Revisão), IS 456: 2000, BIS, Nova Deli.
- IS 13920:2016, Projeto Dúctil e Pormenorização de Estruturas de Betão Armado Sujeitas a Forças Sísmicas - Código de Conduta.
- IS: 1893:2000, Parte 1, "Critérios para a conceção de estruturas resistentes a sismos - Disposições gerais para edifícios", Bureau of Indian Standards, Nova Deli, 2002.
- IS-875(PART-1):1987, Código de Práticas para Cargas de Projeto (Exceto Terramotos) para Edifícios e Estruturas. Parte 1 Cargas mortas - Peso unitário dos materiais de construção e do material armazenado.
- IS-875(PART-2):1987, Código de Prática para Cargas de Projeto (Exceto Terramoto para Edifícios e Estruturas. Parte 2 Cargas impostas.IS 13920:2016, Projeto Dúctil e Pormenorização de Estruturas de Betão Armado Sujeitas a Forças Sísmicas - Código de Prática.
- Khetwal, P. S., Devi, K., Sharma, K., Verma, N., Kapoor, A., Saini, N., 2024. Projeto de um edifício de vários andares com e sem andares suaves utilizando o STAAD Pro. Sustainability, Agri, Food and Environmental Research, https://doi.org/10.7770/safer-V12N-art764

- Kumar, T.B., Needhidasan, S., 2018. Análise Sísmica de Edifício de Vários Andares em Diferentes Zonas. Revista Internacional de Tendência em Pesquisa Científica e Desenvolvimento (IJTSRD), 2 (2), 683-688.

- Pallavi G., Nagaraja C, 2017. Estudo comparativo da análise sísmica de um edifício de vários andares com paredes de cisalhamento e contraventamentos. Revista Internacional de Pesquisa em Engenharia e Tecnologia. 06(08), 145-151.

- Thapa, I., Bhandari, A., Subedi, B., 2020. Comparative Study of Structural Analysis between Reinforced Cement Concrete Structure and Steel Framed Structure. Jornal Internacional de Investigação em Engenharia e Tecnologia (IRJET). 7 (8), 3633-3637.

- Vikram, M.B., Roopesh, M., Sandeep, Kumar, Sanjay, S., 2017. Comparação e análise de edifícios de vários andares em várias zonas sísmicas. Revista Internacional de Tendências Emergentes em Engenharia e Desenvolvimento, 3 (7), 233-238.

Printed by Books on Demand GmbH, Norderstedt / Germany